TRACING NUMBER

PRESCHOOLERS PRACTICE WRITING WORKBOOK, KIDS AGES 3-5

BOOK 10

Brighter Hand

http://sudokuprintable.blogspot.com

COPYRIGHT NOTICE

Copyright © 2017 by **TRACING NUMBER PRESCHOOLERS PRACTICE WRITING WORKBOOK, KIDS AGES 3-5**.

All rights reserved. This book or any portion thereof may not be reproduced or used in any manner whatsoever without the express written permission of the publisher except for the use of brief quotations in a book review.

INTRODUCTION

A child who learns to trace NUMBERS at home, at the early age, with their loving parent or caregiver, grows in self-confidence and independence. This promotes greater maturity, increases discipline and lays the basis for moral literacy. A child who begins with early learning books has a distinct advantage over his or her peers. One of the big advantages being there is no psychological pressure.

HOW TO USE THIS BOOK

Practice, Practice, Practice makes life easier and worthwhile so train your child analytical mind by tracing letters in the alphabet the conventional way through handwritings as the saying said: **"Young children need writing to help them learn about reading, they need reading to help them learn about writing; and they need oral language to help them learn about both."**
Make your tracing at your own style and convenience all individuals has its own uniqueness.*

RANDOM NUMBER EXERCISE 1

75 71 70 13

10 78 44 45

60 17 1 35

88 71 86 17

49 47 77 10

25 50 66 65

RANDOM NUMBER EXERCISE 2

76 97 64 17

14 97 36 64

30 44 58 83

88 98 67 35

78 50 45 18

52 78 35 78

RANDOM NUMBER EXERCISE 3

54 3 78 50

92 74 90 78

74 55 20 48

17 84 27 27

77 71 54 3

97 49 19 59

RANDOM NUMBER EXERCISE 4

23 19 12 83

5 77 40 32

62 14 51 8

39 91 55 68

8 19 76 23

39 41 70 96

RANDOM NUMBER EXERCISE 5

56 57 92 46

77 73 13 69

46 60 99 85

65 16 3 98

58 80 82 55

11 49 8 32

RANDOM NUMBER EXERCISE 6

95 86 91 40

5 15 60 18

86 76 6 64

3 54 57 34

76 81 65 69

46 20 98 71

RANDOM NUMBER EXERCISE 7

44 60 41 7

46 74 62 94

53 3 68 79

29 31 85 10

5 91 25 45

35 77 54 40

RANDOM NUMBER EXERCISE 8

23 51 95 11

56 61 95 61

47 4 70 11

22 6 55 66

29 53 50 91

92 72 90 88

RANDOM NUMBER EXERCISE 9

34 19 63 23

20 22 91 74

19 7 35 15

12 48 42 36

83 2 37 59

53 5 27 40

RANDOM NUMBER EXERCISE 10

35 92 86 31

85 77 94 82

47 61 70 36

57 16 92 63

73 56 34 13

35 54 20 63

RANDOM NUMBER EXERCISE 11

58 1 1 12

97 99 72 36

25 78 98 37

19 86 70 24

55 58 36 54

40 16 12 79

RANDOM NUMBER EXERCISE 12

93 28 46 25

52 10 42 47

61 5 34 9

49 66 53 38

50 36 18 37

71 35 45 44

RANDOM NUMBER EXERCISE 13

46 60 76 87

82 15 66 80

47 52 1 11

39 60 98 46

18 45 70 72

94 65 29 65

RANDOM NUMBER EXERCISE 14

4 29 92 81

74 61 85 73

35 45 78 23

54 97 28 99

57 26 85 50

9 61 2 99

RANDOM NUMBER EXERCISE 15

33 5 98 75

6 22 65 81

46 99 76 75

25 26 88 68

23 75 94 95

84 69 91 12

RANDOM NUMBER EXERCISE 16

95 51 86 76

12 47 76 52

5 26 23 90

22 94 86 25

22 3 67 46

3 74 29 68

RANDOM NUMBER EXERCISE 17

3 69 39 10

71 60 98 15

74 50 89 91

53 96 51 99

95 15 54 39

35 52 69 60

RANDOM NUMBER EXERCISE 18

74 27 72 16

23 99 24 7

40 70 06 32

39 40 27 60

13 38 85 68

11 54 46 47

RANDOM NUMBER EXERCISE 19

46 59 94 81

2 12 58 5

30 40 80 91

70 89 87 95

91 50 32 4

46 4 98 28

RANDOM NUMBER EXERCISE 20

70 13 41 37

3 94 47 24

16 47 91 83

37 70 70 94

42 49 3 84

52 57 94 37

RANDOM NUMBER EXERCISE 21

93 9 85 99

90 47 3 81

5 64 14 25

48 71 47 53

40 40 3 18

99 90 94 60

RANDOM NUMBER EXERCISE 22

21 31 67 14

55 35 23 35

24 33 11 42

33 6 7 8

21 30 41 7

5 33 15 33

RANDOM NUMBER EXERCISE 23

94 45 5 90

51 73 47 24

35 24 33 15

80 10 74 91

78 55 76 97

96 1 1 7

RANDOM NUMBER EXERCISE 24

73 29 65 1

37 51 32 37

50 75 19 65

92 51 47 18

13 98 70 60

55 71 70 54

RANDOM NUMBER EXERCISE 25

38 20 40 63

61 41 19 55

55 60 98 81

94 27 71 33

34 46 77 28

54 8 9 40

RANDOM NUMBER EXERCISE 26

18 72 29 93

46 31 51 80

40 3 85 93

46 41 85 47

5 33 79 23

33 69 54 34

RANDOM NUMBER EXERCISE 27

9 40 54 84

22 57 31 90

27 48 12 5

88 18 81 98

53 97 16 98

11 32 13 51

RANDOM NUMBER EXERCISE 28

73 47 86 47

55 26 20 62

24 15 36 38

84 28 84 20

49 96 7 80

95 76 18 46

RANDOM NUMBER EXERCISE 29

6 95 79 55

95 12 76 78

37 88 9 95

58 29 49 49

95 41 55 20

52 5 46 45

RANDOM NUMBER EXERCISE 30

57 77 54 1

1 39 13 46

54 50 10 22

78 62 80 33

97 10 19 47

78 46 1 95

RANDOM NUMBER EXERCISE 31

59 13 49 35

10 35 69 8

31 6 98 15

23 7 66 61

5 19 26 47

20 78 5 81

RANDOM NUMBER EXERCISE 32

82 18 27 51

38 23 17 11

49 3 81 73

38 70 45 74

57 10 58 61

91 11 35 33

RANDOM NUMBER EXERCISE 33

19 88 3 88

50 67 82 26

97 84 81 60

53 60 96 97

50 64 74 94

14 42 70 71

RANDOM NUMBER EXERCISE 34

24 19 1 52

57 72 2 4

31 68 5 87

4 80 46 45

26 46 74 65

50 90 68 87

RANDOM NUMBER EXERCISE 35

36 98 99 63

73 20 96 37

12 46 96 92

52 99 16 59

35 59 10 68

44 74 56 27

RANDOM NUMBER EXERCISE 36

42 76 37 64

13 68 72 68

71 7 68 75

99 71 87 12

28 41 12 51

90 70 81 18

RANDOM NUMBER EXERCISE 37

28 50 46 61

47 8 50 76

88 94 97 70

54 45 83 40

46 77 55 91

30 95 49 12

RANDOM NUMBER EXERCISE 38

91 81 18 9

31 94 14 79

1 81 95 24

51 24 84 5

10 38 35 95

11 63 94 57

RANDOM NUMBER EXERCISE 39

55 32 54 33

9 67 88 54

33 69 3 15

31 72 71 70

37 41 98 6

5 11 87 91

RANDOM NUMBER EXERCISE 40

76 77 82

57 48 17 9

57 89 42 48

2 39 20 68

57 65 48 72

18 67 79 83

RANDOM NUMBER EXERCISE 41

57 23 83 21

96 82 94 58

86 23 51 19

55 96 50 44

20 32 88 38

59 96 71 98

RANDOM NUMBER EXERCISE 42

37 8 66 87

31 87 15 82

92 10 88 31

2 27 77 34

75 28 55 37

31 55 61 37

RANDOM NUMBER EXERCISE 43

73 60 46 13

78 50 33 35

61 84 60 37

89 24 62 19

72 35 18 77

81 27 8 28

RANDOM NUMBER EXERCISE 44

57 17 71 91

95 7 95 85

12 29 64 41

91 7 8 35

14 11 19 98

73 55 65 68

RANDOM NUMBER EXERCISE 45

70 44 5 74

18 65 69 41

72 44 54 89

49 25 41 32

5 44 88 24

90 91 84 37

RANDOM NUMBER EXERCISE 46

55 19 20 22

50 76 35 68

55 71 60 25

16 35 2 27

40 56 55 7

35 35 75 70

RANDOM NUMBER EXERCISE 47

51 88 86 84

76 36 89 86

59 10 48 88

82 64 54 47

86 7 60 52

66 16 9 21

RANDOM NUMBER EXERCISE 48

70 28 82 31

68 15 96 6

75 37 35 39

69 6 48 87

57 48 28 46

3 10 35 77

RANDOM NUMBER EXERCISE 49

54 36 24 53

97 22 18 67

69 66 42 63

95 61 10 94

8 34 58 70

71 68 66 9

RANDOM NUMBER EXERCISE 50

32 35 25 38

78 82 46 61

31 18 57 19

76 35 55 75

51 65 35 64

35 32 76 38

RANDOM NUMBER EXERCISE 51

51 40 84 78

29 50 13 66

57 27 41 70

57 57 32 47

10 6 55 92

40 67 80 33

RANDOM NUMBER EXERCISE 52

1 76 69 60

64 51 65 15

57 41 30 84

91 49 30 56

28 1 92 84

55 1 69 78

RANDOM NUMBER EXERCISE 53

10 64 33 7

80 38 71 88

35 65 29 24

55 23 79 96

82 90 22 50

16 97 88 30

RANDOM NUMBER EXERCISE 54

71 39 27 88

10 59 21 83

35 12 97 91

44 67 20 64

37 41 46 90

28 29 22 75

RANDOM NUMBER EXERCISE 55

75   9   98   52

95   54   62   1

6   37   20   80

54   67   70   1

38   3   91   74

54   40   71   3

RANDOM NUMBER EXERCISE 56

3 81 46 46

42 52 77 51

75 92 69 8

13 42 87 46

55 5 79 47

53 20 53 21

RANDOM NUMBER EXERCISE 57

55 66 82 94

12 27 28 9

12 50 33 37

7 20 25 48

85 57 90 40

99 23 82 37

RANDOM NUMBER EXERCISE 58

16 38 27 35

17 48 80 25

73 46 62 45

47 97 25 81

50 57 35 97

76 55 28 5

RANDOM NUMBER EXERCISE 59

66 95 58 14

42 68 62 78

30 29 44 13

79 95 33 17

14 92 38 32

37 76 66 87

RANDOM NUMBER EXERCISE 60

32   3   95   44

7   27   35   40

23   87   87   30

7   81   37   95

20   3   45   90

97   33   34   63

RANDOM NUMBER EXERCISE 61

92 55 13 94

65 85 95 74

50 55 57 45

20 16 31 47

91 72 47 69

63 41 7 86

RANDOM NUMBER EXERCISE 62

47 36 66 77

2 83 5 55

77 61 6 26

73 20 3 9

26 41 54 30

58 13 46 87

RANDOM NUMBER EXERCISE 63

20 36 71 94

29 62 46 55

84 9 6 50

82 7 99 94

28 12 55 42

91 1 67 6

RANDOM NUMBER EXERCISE 64

10 82 50 83

34 25 38 13

25 20 52 44

10 69 51 94

13 46 65 54

95 24 72 41

RANDOM NUMBER EXERCISE 65

51 21 87 28

26 79 61 6

56 22 77 96

33 62 21 74

87 19 79 26

53 12 57 66

RANDOM NUMBER EXERCISE 66

46 58 34 82

69 23 36 14

21 68 98 08

13 57 69 78

49 87 31 22

41 46 73 68

RANDOM NUMBER EXERCISE 67

37 60 5 21

7 87 92 57

28 17 18 51

40 35 58 37

58 77 46 48

39 6 62 42

RANDOM NUMBER EXERCISE 68

35 78 41 51

14 59 8 46

71 59 96 23

27 96 60 32

95 57 24 87

57 91 5 38

RANDOM NUMBER EXERCISE 69

37 77 97 68

16 46 55 46

70 24 42 92

35 90 5 81

24 3 46 75

32 55 27 68

RANDOM NUMBER EXERCISE 70

57 6 27 57

78 78 21 82

21 3 37 38

31 99 39 80

23 82 8 3

78 59 21 78

RANDOM NUMBER EXERCISE 71

55 65 36 96

19 6 25 44

80 4 18 69

56 68 19 80

10 76 81 46

10 60 9 11

RANDOM NUMBER EXERCISE 72

97 19 98 28

46 4 15 46

78 23 48 48

37 84 20 47

55 11 91 1

46 13 88 75

RANDOM NUMBER EXERCISE 73

12 37 29 46

26 82 49 89

44 50 19 27

2 14 80 46

33 26 25 92

9 8 74 96

RANDOM NUMBER EXERCISE 74

25 73 11 45

52 90 19 24

12 44 70 67

48 40 36 95

35 41 20 44

58 78 29 61

RANDOM NUMBER EXERCISE 75

92 58 1 45

69 18 65 61

69 96 41 69

41 45 61 95

41 61 67 45

5 27 19 20

RANDOM NUMBER EXERCISE 76

18 77 72 61

45 7 70 52

36 41 49 54

77 66 38 78

4 72 57 25

36 27 10 62

RANDOM NUMBER EXERCISE 77

77 62 50 54

22 58 30 5

79 11 7 92

71 50 16 87

94 71 69 86

8 46 84 79

RANDOM NUMBER EXERCISE 78

33 31 7 87

29 73 75 79

19 83 45 36

46 24 63 18

32 35 26 50

21 34 6 53

RANDOM NUMBER EXERCISE 79

41 16 66 98

47 29 99 54

13 11 61 15

39 12 82 73

97 51 22 5

95 20 35 48

RANDOM NUMBER EXERCISE 80

51 52 54 95

23 86 63 48

15 72 76 2

79 4 95 94

31 26 91 33

10 94 52 33

RANDOM NUMBER EXERCISE 81

50 95 29 69

3 5 47 40

35 49 97 6

87 52 55 22

54 30 35 64

15 72 8 95

RANDOM NUMBER EXERCISE 82

31 55 89 41

21 25 27 92

57 31 18 78

6 87 74 76

68 4 81 50

22 24 58 58

RANDOM NUMBER EXERCISE 83

50 26 45 41

37 28 78 92

21 36 34 58

44 39 76 65

50 7 13 63

53 34 3 24

RANDOM NUMBER EXERCISE 84

50 65 46 10

11 71 99 3

85 67 94 35

52 80 92 20

75 22 33 31

46 94 25 7

RANDOM NUMBER EXERCISE 85

53 24 82 85

95 36 46 35

95 62 54 42

20 97 38 95

87 38 10 25

17 85 77 23

RANDOM NUMBER EXERCISE 86

36 27 42 25

41 35 64 91

22 33 67 35

57 46 77 48

91 2 32 73

64 2 78 3

RANDOM NUMBER EXERCISE 87

75 73 36 72

25 74 96 26

49 23 36 39

46 48 41 22

95 28 50 17

41 90 82 7

RANDOM NUMBER EXERCISE 88

73 52 65 22

44 55 84 31

31 82 20 19

99 15 39 80

74 5 42 7

15 33 52 94

RANDOM NUMBER EXERCISE 89

23 27 35 32

93 99 63 42

58 21 21 1

51 19 60 68

20 68 50 5

36 4 46 60

RANDOM NUMBER EXERCISE 90

28 91 87 71

78 46 86 96

53 3 70 60

16 13 29 95

2 23 65 1

79 68 47 94

RANDOM NUMBER EXERCISE 91

22 8 67 74

55 76 16 5

10 17 30 28

46 79 92 89

20 31 15 2

32 74 62 75

RANDOM NUMBER EXERCISE 92

1 21 45 18

7 33 25 45

45 30 5 34

75 73 94 52

33 51 84 23

11 30 45 83

RANDOM NUMBER EXERCISE 93

23 59 40 20

80 46 22 97

41 50 97 72

95 69 51 78

55 2 40 69

47 49 60 16

RANDOM NUMBER EXERCISE 94

50 49 85 67

60 64 22 57

52 74 57 84

55 95 24 81

87 75 8 22

7 28 40 97

RANDOM NUMBER EXERCISE 95

28 50 4 68

33 15 29 77

77 98 56 80

28 60 66 9

4 10 84 79

73 40 3 41

RANDOM NUMBER EXERCISE 96

7 35 46 18

22 74 4 71

9 21 82 49

46 35 66 21

28 77 42 98

70 25 85 51

RANDOM NUMBER EXERCISE 97

46 24 22 30

64 64 31 51

23 22 3 73

54 90 87 33

55 73 69 24

53 30 74 27

RANDOM NUMBER EXERCISE 98

77 18 96 55

8 5 28 31

34 2 91 45

74 4 48 15

47 80 22 60

59 31 96 66

RANDOM NUMBER EXERCISE 99

93 94 80 75

46 41 86 74

6 86 20 35

75 7 44 5

88 35 45 62

19 66 6 60

RANDOM NUMBER EXERCISE 100

5 19 97 97

7 79 14 18

18 61 92 54

27 73 3 78

41 86 91 50

57 75 33 6

RECOMMEND ALSO:

***SUDOKU: 500 Sudoku Puzzles by Champ Lopez

***SUDOKU PUZZLE 200 Challenging Puzzles with Answers by Champ Lopez

***Times Ultimate Mind Games Book Killer Su doku Over 300 Puzzles Book 1 by Champ Lopez

***Tracing Number Pre-schoolers Practical Writing Workbook, Kids Age 3-5 Book 2 & 4-7 by Brighter Hand

***Lots of Fun Number Tracing Practice! Learn Numbers 0 to 20 by Handwriting Time

***Tracing Letter Pre-schoolers Practical Writing ABC Alphabet Workbook, Kids Age 3-5 Book1&3 by Brighter Hand

ALSO BE INTERESTED IN MY NEWEST COLLECTION OF BOOKS

CHECK OUT THE BOOKS ON THE NEXT PAGE

FIND OUT MORE HERE:

http://sudokuprintable.blogspot.com

TRACING NUMBER

PRESCHOOL PRACTICAL WRITING WORKBOOK, KIDS AGES 3-5

BOOK 2

Writing Practice Number **7 SEVEN**

*****YOUNG CHILDREN NEED WRITING TO HELP THEM LEARN ABOUT READING, THEY NEED READING TO HELP THEM LEARN ABOUT WRITING; AND THEY NEED ORAL LANGUAGE TO HELP THEM LEARN ABOUT BOTH******

TRACING LETTER
PRESCHOOLERS PRACTICE WRITING ABC ALPHABET WORKBOOK
AGES 3-5
BOOK 1

****YOUNG CHILDREN NEED WRITING TO HELP THEM LEARN ABOUT READING. THEY NEED READING TO HELP THEM LEARN ABOUT WRITING; AND THEY NEED ORAL LANGUAGE TO HELP THEM LEARN ABOUT BOTH******

cat

Brighter Hand

TRACING LETTER
PRESCHOOLERS PRACTICE WRITING ABC ALPHABET WORKBOOK
AGES 3-5
KIDS

3+

****YOUNG CHILDREN NEED WRITING TO HELP THEM LEARN ABOUT READING, THEY NEED READING TO HELP THEM LEARN ABOUT WRITING; AND THEY NEED ORAL LANGUAGE TO HELP THEM LEARN ABOUT BOTH******

cat

BOOK 3
lower case
Brighter Hand

Barcode Location & Size
2" X 1.2"

TRACING NUMBER

PRESCHOOL PRACTICAL WRITING WORKBOOK, KIDS AGES 3-5

BOOK 4

Writing Practice Number

7 SEVEN

BIG NUMBER
NUMBERS 1-10
TO BE LOWER CASE

*****"YOUNG CHILDREN NEED WRITING TO HELP THEM LEARN ABOUT READING, THEY NEED READING TO HELP THEM LEARN ABOUT WRITING; AND THEY NEED ORAL LANGUAGE TO HELP THEM LEARN ABOUT BOTH"******

Brighter Hand

TRACING NUMBER

PRESCHOOL PRACTICAL WRITING WORKBOOK, KIDS AGES 3-5

BOOK 5

Writing Practice Number 7 SEVEN

"****YOUNG CHILDREN NEED WRITING TO HELP THEM LEARN ABOUT READING, THEY NEED READING TO HELP THEM LEARN ABOUT WRITING; AND THEY NEED ORAL LANGUAGE TO HELP THEM LEARN ABOUT BOTH"******

Brighter Hand

TRACING NUMBER

PRESCHOOL PRACTICE
WRITING WORKBOOK
KIDS AGES 3-5
BOOK 7

*****"YOUNG CHILDREN NEED WRITING TO HELP THEM LEARN ABOUT READING, THEY NEED READING TO HELP THEM LEARN ABOUT WRITING; AND THEY NEED ORAL LANGUAGE TO HELP THEM LEARN ABOUT BOTH"******

LEARN NOS.1-100

Brighter Hand

www.ingramcontent.com/pod-product-compliance
Lightning Source LLC
Chambersburg PA
CBHW082209220526
45470CB00010B/3102